英国数学真简单团队/编著　华云鹏　董雪/译

DK儿童数学分级阅读 第六辑

图表、平均数和测量

数学真简单！

电子工业出版社·

Publishing House of Electronics Industry

北京·BEIJING

Original Title: Maths—No Problem! Graphs, Averages and Measuring, Ages 10–11 (Key Stage 2)

Copyright © Maths—No Problem!, 2022

A Penguin Random House Company

本书中文简体版专有出版权由Dorling Kindersley Limited授予电子工业出版社，未经许可，不得以任何方式复制或抄袭本书的任何部分。

版权贸易合同登记号　图字：01-2024-1978

图书在版编目（CIP）数据

DK儿童数学分级阅读. 第六辑. 图表、平均数和测量 / 英国数学真简单团队编著；华云鹏，董雪译. --北京：电子工业出版社，2024.5

ISBN 978-7-121-47660-0

Ⅰ . ①D…　Ⅱ . ①英…　②华…　③董…　Ⅲ . ①数学—儿童读物　Ⅳ . ①O1-49

中国国家版本馆CIP数据核字（2024）第070457号

出版社感谢以下作者和顾问：Andy Psarianos, Judy Hornigold, Adam Gifford和Anne Hermanson博士。

已获Colophon Foundry的许可使用Castledown字体。

责任编辑：苏　琪

印　　刷：鸿博昊天科技有限公司

装　　订：鸿博昊天科技有限公司

出版发行：电子工业出版社

　　　　　北京市海淀区万寿路173信箱　　邮编：100036

开　　本：889×1194　1/16　印张：18　　字数：303千字

版　　次：2024年5月第1版

印　　次：2024年11月第2次印刷

定　　价：128.00元（全6册）

凡所购买电子工业出版社图书有缺损问题，请向购买书店调换。若书店售缺，请与本社发行部联系，联系及邮购电话：（010）88254888，88258888。

质量投诉请发邮件至zlts@phei.com.cn，盗版侵权举报请发邮件至dbqq@phei.com.cn。

本书咨询联系方式：（010）88254161转1868，suq@phei.com.cn。

www.dk.com

目 录

鲁比　艾略特　阿米拉　查尔斯　露露　萨姆　奥克　霍莉　拉维　艾玛　雅各布　汉娜

平均值的种类

准备

面包师用星星饰品装饰蛋糕。

我们怎样用1个数来描述星星的数量？

举例

众数、中位数和平均数都是平均值。

这组数据中，众数是3。

众数

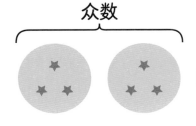

众数是指在一组数中出现次数最多的数值。

数值3出现的次数最多。

这组数据中，中位数是4。

中位数是从小到大（或从大到小）排列的所有数值中位于中间位置的数值。

中位数

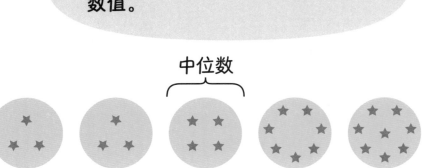

这组数据中，平均数是5。

$3 + 3 + 4 + 7 + 8 = 25$
$25 \div 5 = 5$

先计算出所有数值的和。

再用数值的和除以数值的数目。

当我们说"平均值是5"，通常指"平均数是5"。

练 习

算一算碗中平均有多少水果。

1 [　　] + [　　] + [　　] = [　　]

[　　] ÷ 3 = [　　]

平均数 = [　　]

2 [　　] + [　　] + [　　] + [　　] = [　　]

[　　] ÷ 4 = [　　]

平均数 = [　　]

3 [　　　　　　　　　　　　　　　　]

平均数 = [　　]

求平均数（一）

准 备

汉娜把梨装进袋子里，每袋梨重约2千克。拉维把苹果装进袋子里，每袋苹果重约1千克。

汉娜和拉维在每个袋子里平均装了多少个水果？

这里的"平均"指的是平均数。

举 例

算一算这组数据的和。

加一加，可以求得梨的总数。

9 + 11 + 10 + 12 + 8 = 50

50 ÷ 5 = 10（个）

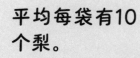
平均每袋有10个梨。

8 + 11 + 9 + 10 + 11 + 8 = 57（个）

算一算平均每袋有多少个苹果。

57 ÷ 6 = 9.5（个）

虽然拉维没有放半个苹果，但平均每袋有9.5个苹果。

练 习

雅各布、查尔斯和艾玛买了5束花。
算一算平均每束花有几支。

1

平均数 = ☐

2

平均数 = ☐

3

平均数 = ☐

求平均数（二）

准备

小朋友们的午餐盒里平均有20颗葡萄。

每个小朋友的午餐盒里可以有多少颗葡萄？

举例

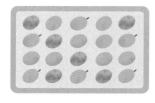　　　　　　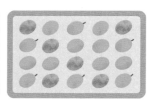

20　　　　　　20　　　　　　20

20 + 20 + 20 = 60
60 ÷ 3 = 20（颗）
平均数 = 20

每个小朋友的葡萄数量可能相同。

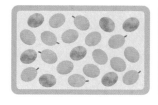　　　　　　

23　　　　　　18　　　　　　19

23 + 18 + 19 = 60
60 ÷ 3 = 20（颗）
平均数 = 20

每个午餐盒的葡萄数量也可能相近。

午餐盒中的葡萄可能是这些数量吗？

  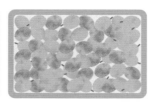

1   1   58

1 + 1 + 58 = 60
60 ÷ 3 = 20（颗）
平均数 = 20

虽然三个例子的平均数相同，前两个例子更有可能代表午餐盒中葡萄的真实数量。

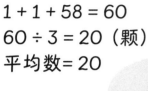

小朋友们更愿意分到数量相近的葡萄。

练 习

1 三个好朋友每人买了一包巧克力花生。
平均每袋有30颗巧克力花生，用三种不同的方式表示每包可能有多少颗。
把表格填完整。

	包1	包2	包3
1			
2			
3			

2 三包巧克力花生可能是这些数量。
包1：1颗   包2：1颗   包3：88颗
说一说，为什么这种情况不太可能发生？

绘制扇形统计图

准 备

下表是各足球队在一次锦标赛中获得的分数。

这些数据能说明哪些信息？

球队（缩写）	得分
福克斯顿飞人队（FF）	8
肖尔希尔超级明星队（SS）	12
格林菲尔德射手队（GG）	8
汤斯维尔泰坦队（TT）	16
普利茅斯海盗队（PP）	4

举 例

我们可以根据这些数据绘制一张条形统计图。

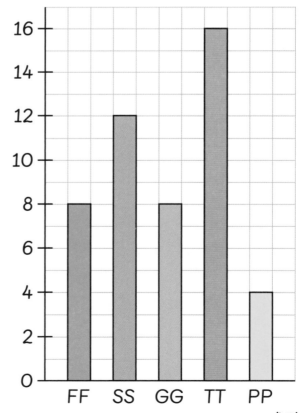

足球锦标赛得分

我们还可以用条形模型表示这些数据。

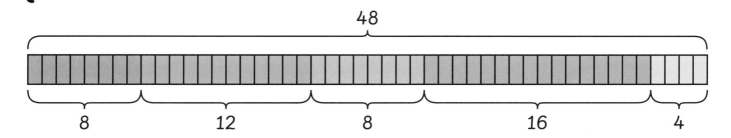

48

8　　12　　8　　16　　4

福克斯顿飞人队：$\frac{8}{48}$分等于总分的$\frac{1}{6}$。

肖尔希尔超级明星队：$\frac{12}{48}$分等于总分的$\frac{1}{4}$。

格林菲尔德射手队：$\frac{8}{48}$分等于总分的$\frac{1}{6}$。

汤斯维尔泰坦队：$\frac{16}{48}$分等于总分的$\frac{1}{3}$。

普利茅斯海盗队：$\frac{4}{48}$分等于总分的$\frac{1}{12}$。

还可以用扇形统计图表示这些数据。

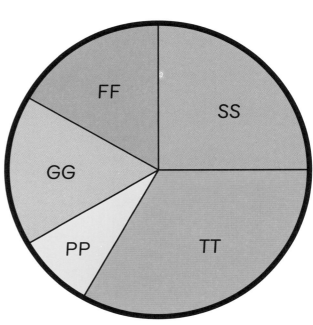

我们可以把这些分数写成分母是12的分数，然后扇形统计图就可以平均分成12份。

我们可以用总分除以扇形统计图的份数，就能求得每一份是多少分。

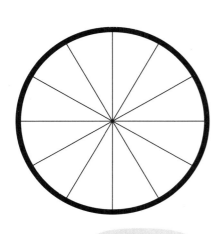

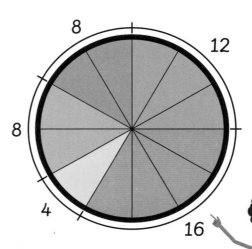

$48 \div 12 = 4$

每一份是4分。

举例

① 下表是餐厅某晚售出的晚餐数量。

将表中的数据绘制成扇形统计图。

晚餐种类	售出数量
意大利面	6
披萨	12
炸鱼薯条	18
奶酪通心粉	12

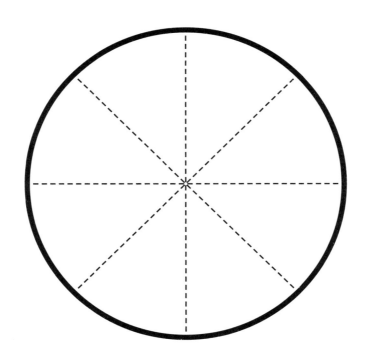

2 下表是面包店售出的曲奇数量。
将表中的数据绘制成扇形统计图。

曲奇种类	售出数量
牛奶巧克力味	6
香草味	3
榛子味	9
核桃味	6
白巧克力味	12

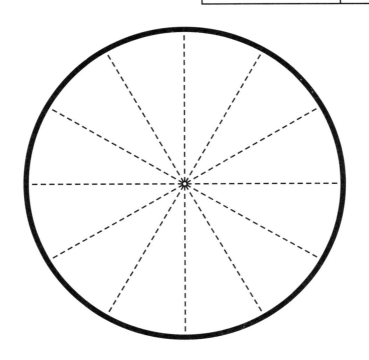

认识扇形统计图（一）

准 备

48个小朋友选择了自己喜欢的运动。

我们可以从扇形统计图中读出哪些信息？

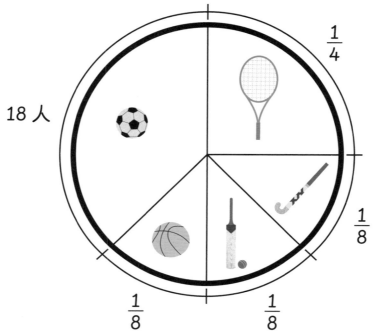

举 例

我们知道这些表示一半或总人数的 $\frac{4}{8}$ 。

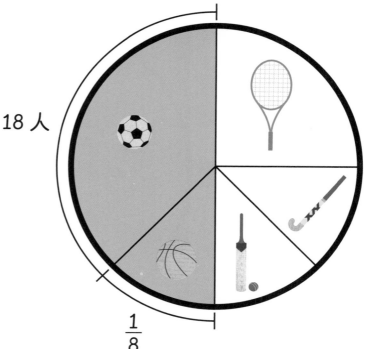

14

$\frac{1}{2} = \frac{4}{8}$

$\frac{1}{8} + \frac{3}{8} = \frac{4}{8}$

$\frac{3}{8} = 18$

$\frac{1}{8} = 18 \div 3$

$= 6$（人）

有18人最喜欢的运动是足球。

我们知道18人是总人数的$\frac{3}{8}$。

有总人数的$\frac{1}{8}$或6人最喜欢的运动是篮球。

$18 + 6 = 24$
有24人最喜欢的运动是足球或篮球。

如果我们知道扇形统计图的$\frac{1}{2}$等于24人，就能求出总人数的$\frac{1}{4}$是多少人。

$\frac{1}{2} = 24$

$\frac{1}{4} = 24 \div 2$

$= 12$（人）

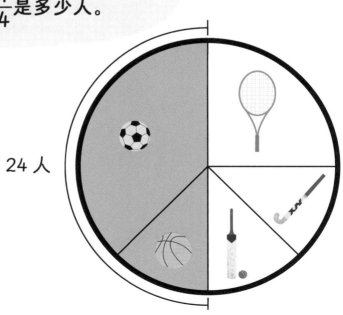

24 人

我们可以把小朋友们的选择用表格表示。

运动	足球	篮球	板球	曲棍球	网球
人数	18	6	6	6	12

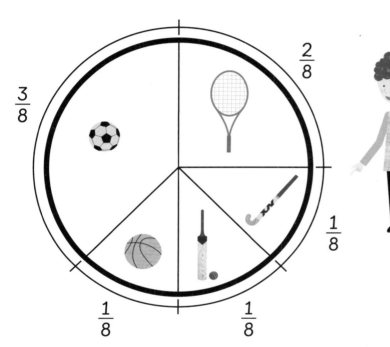

我们可以用分数表示每种运动的人数。

我们也可以用数表示每种运动的人数。

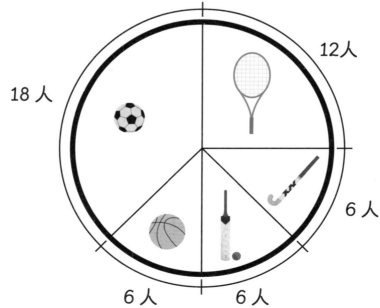

扇形统计图中表示了六年级学生拥有的宠物数量。

用这些数据完成表格。

六年级学生拥有的宠物数量

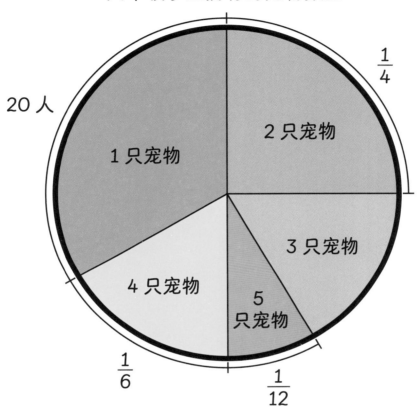

宠物数量	1	2	3	4	5
学生人数	20				

认识扇形统计图（二）

准 备

萨姆在做160克香草和香料调味品，准备添加到菜肴中。

萨姆分别需要香草和香料各多少克？

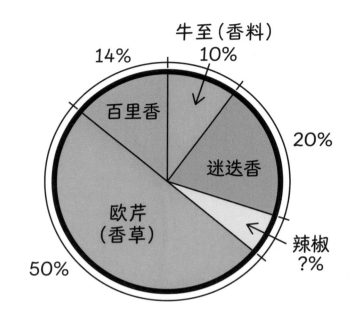

举 例

$160 \div 2 = 80$（克）

有80克调味品是欧芹。

我知道50%等于$\frac{1}{2}$。

算一算牛至有多少克。

牛至的重量 = 160的10%

$160 \div 10 = 16$（克）

萨姆需要16克牛至。

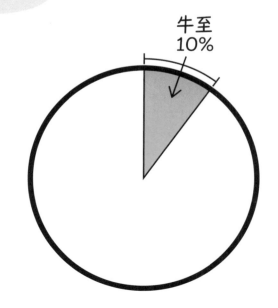

20%是10%的两倍。

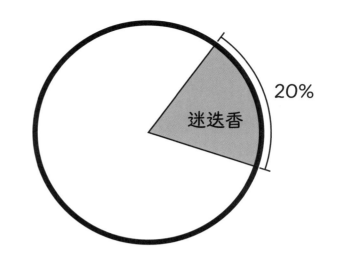

20%

迷迭香

迷迭香的重量＝160克的20%
160 × 10% = 16（克）
160 × 20% = 16 × 2
　　　　　 = 32（克）
萨姆需要32克迷迭香。

我们要求出辣椒的重量。

10 + 20 + ? + 50 + 14 = 100（克）
10 + 20 + 50 + 14 = 94（克）
100 − 94 = 6（克）
有6%调味品是辣椒。

要算出6%，可
以先求出5%是
多少。

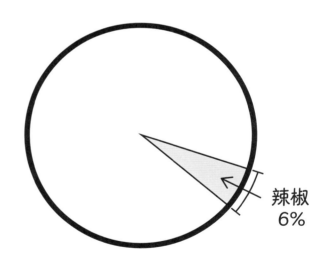

辣椒
6%

辣椒的重量 = 160克的6%
160 × 10% = 16（克）
　160 × 5% = 16 ÷ 2
　　　　　 = 8（克）

160 × 10% = 16（克）
　160 × 1% = 16 ÷ 10
　　　　　 = 1.6（克）
8 + 1.6 = 9.6（克）
萨姆需要9.6克辣椒。

然后，求出1%
是多少。

我这样计算160克的14%是多少。

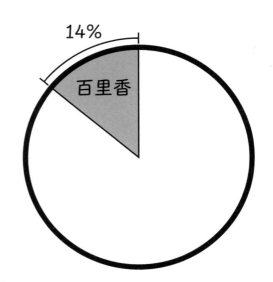

百里香的重量 = 160 × 14%
160 × 10% = 16（克）
160 × 5% = 8（克）
160 × 1% = 1.6（克）

160 × 4% = 8 − 1.6
          = 6.4（克）
16 + 6.4 = 22.4（克）

160 × 10% = 16（克）
160 × 1% = 1.6（克）
160 × 4% = 1.6 × 4
          = 6.4（克）
16 + 6.4 = 22.4（克）
萨姆需要22.4克百里香。

我用了另一种方法。

练 习

1 扇形统计图中表示了班级图书馆的书籍比例。用这些数据完成表格。

书籍类型	占比
漫画书	10%
小说	
参考书	20%
纪实文学	

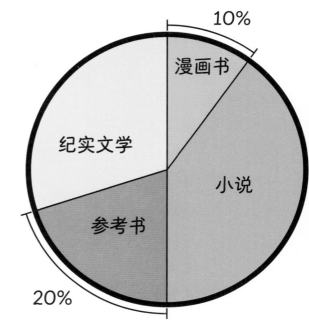

2 扇形统计图中表示了鲁比做蔬菜沙拉使用的蔬菜比例。
鲁比用了140克黄瓜。

算一算其余蔬菜的重量是多少？

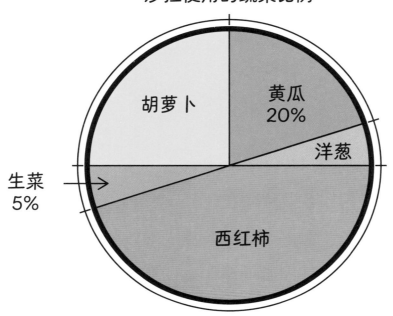

沙拉使用的蔬菜比例

胡萝卜

黄瓜
20%

洋葱

生菜
5%

西红柿

(1) 鲁比用了 ☐ 克生菜。

(2) 鲁比用了 ☐ 克胡萝卜。

(3) 鲁比用了 ☐ 克洋葱。

(4) 鲁比用了 ☐ 克西红柿。

认识折线统计图（一）

准 备

艾略特知道浴缸水龙头的流速是10升/2分钟。

他知道装满浴缸要需要90升水。

水已经流了14分钟。

艾略特还要等待多少分钟，浴缸才能装满水？

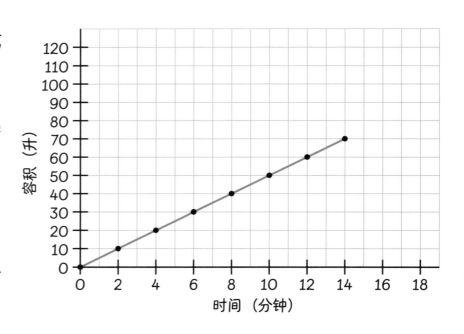

举 例

水的流速不变。

我们看到直线时，表示水的流速不变。

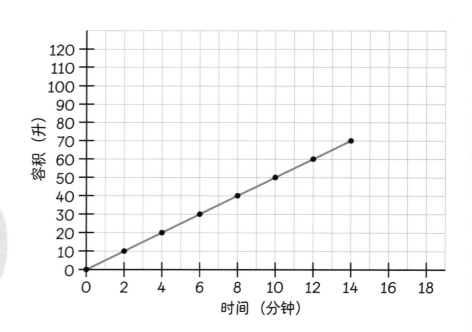

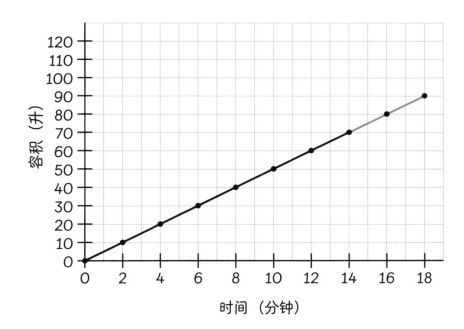

将直线延长，可以预测浴缸装满水的时间。

浴缸装满90升水需要18分钟。

艾略特还要等待4分钟，浴缸才能装满水。

练 习

折线统计图表示了夜莺先生驾车在高速公路上行驶的距离。

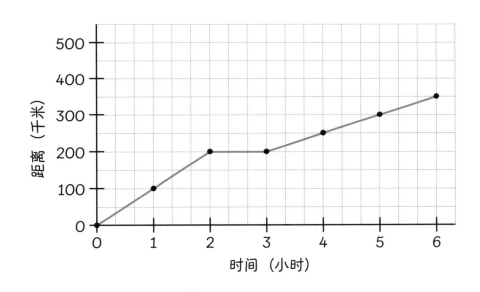

1 汽车在前两小时速度是 ☐ 千米/时。

2 汽车堵车堵了 ☐ 小时。

3 汽车以时速50千米/时行驶了 ☐ 小时。

认识折线统计图（二）

准 备

　　折线统计图表示了大型面包店分别在工作日和周末的6小时内，制作的面包卷数量。

　　在工作日和周末的生产率分别是怎样的？

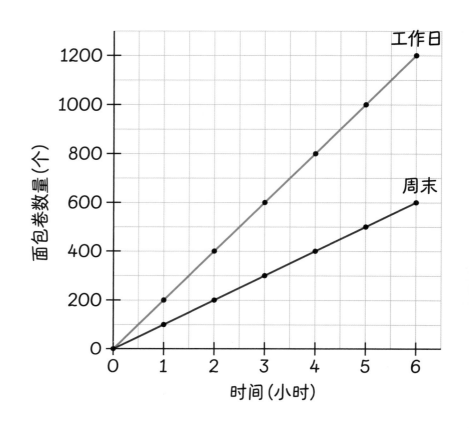

举 例

　　直线表示面包店在工作日和周末的生产率分别保持不变。

　　直线倾斜的角度表示工作日的生产率高于周末的生产率。

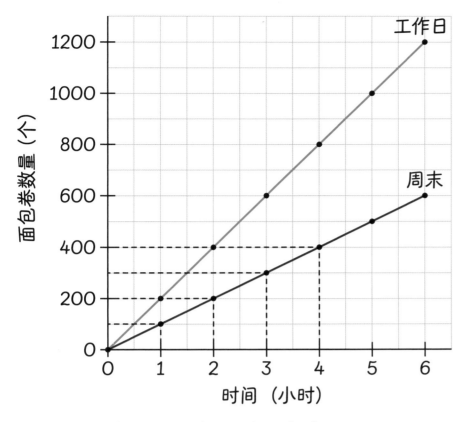

周末的生产率是每小时100个面包卷。

工厂在工作日生产的面包卷数量是周末的两倍。

折线统计图可以用来预测一定时间内的产量。

我们可以用折线统计图预测8小时内生产多少面包卷。

时间	0	1	2	3	4	5	6	7	8
工作日面包卷数量	0	200	400	600	800	1000	1200	1400	1600
周末面包卷数量	0	100	200	300	400	500	600	700	800

1 折线统计图表示了小镇在一个早上平均收集的垃圾桶数量。

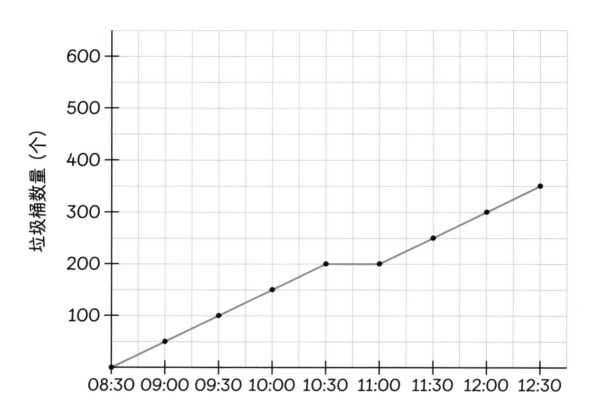

（1）用折线统计图中的数据完成下表。

时间	08:30	09:00	09:30	10:00	10:30	11:00	11:30	12:00	12:30
垃圾桶数量									

（2）用折线统计图和表中的数据填一填。

① 10:30之前，收集了 ☐ 个垃圾桶。

② 12:30之前，收集了 ☐ 个垃圾桶。

③ ☐ 时，工人停止收集，开始休息。

2 折线统计图表示了某天坐两种过山车的人数。

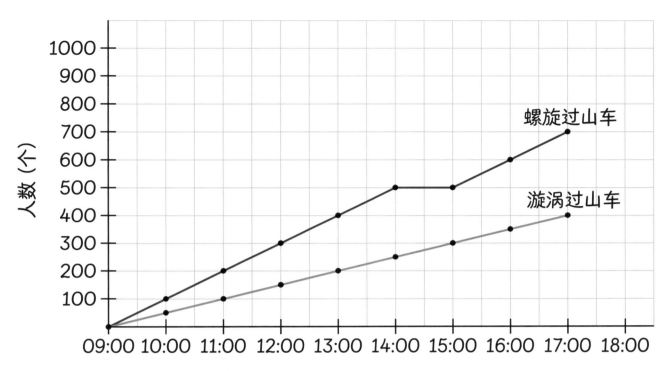

(1) 用折线统计图中的数据完成下表。

时间	09:00	10:00	11:00	12:00	13:00	14:00	15:00	16:00	17:00
螺旋过山车人数									
漩涡过山车人数									

(2) 用折线统计图和表中的数据填一填。

① 12:00之前，坐螺旋过山车比坐漩涡过山车的人数多多少人？ ☐ 人

② 每小时有多少人坐漩涡过山车？ ☐ 人

③ 白天螺旋过山车要关闭整修，关闭了几个小时？ ☐ 人

毫米和厘米的换算

准 备

查尔斯在搜索新眼镜时发现了这张图。

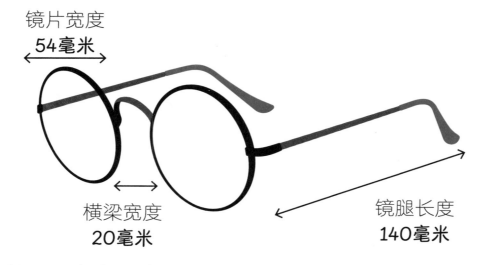

镜片宽度
54毫米

横梁宽度
20毫米

镜腿长度
140毫米

我们可以用厘米表示这些尺寸吗？

举 例

把20毫米换算成厘米。

20毫米 = 2厘米

10毫米 = 1厘米
1毫米 = 0.1厘米
1毫米是1厘米的十分之一。
1厘米是1毫米的十倍。

28

把140毫米换算成厘米。

10毫米 = 1厘米
100毫米 = 10厘米

 140毫米 = 14厘米

 把54毫米换算成厘米。

10毫米 = 1厘米
50毫米 = 5厘米
1毫米 = 0.1厘米
4毫米 = 0.4厘米

 54毫米 = 5.4厘米

练 习

1 毫米换算成厘米。

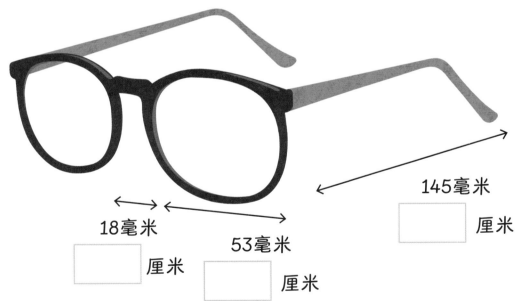

145毫米

☐ 厘米

18毫米

☐ 厘米

53毫米

☐ 厘米

2 换算下面的尺寸。

(1) 72毫米 = ☐ 厘米

(2) 4.5厘米 = ☐ 毫米

(3) 10.7厘米 = ☐ 毫米

(4) 209毫米 = ☐ 厘米

厘米和米的换算

准 备

艾玛用不同颜色的毛线为玩具织了一顶毛线帽子。

她用了1.8米蓝色毛线。

这是多少厘米?

举 例

1米 = 100厘米
0.1米 = 10厘米
0.8米 = 80厘米

艾玛用了1.8米或180厘米蓝色毛线。

1.8米 = 180厘米

艾玛用了1.35米
红色毛线。

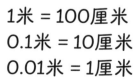

1米 = 100厘米
0.1米 = 10厘米
0.01米 = 1厘米

1米是1厘米的100倍。

1厘米是1米的$\frac{1}{100}$。

1.35米 = 135厘米

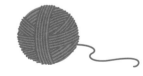

练 习

1 用厘米表示不同颜色毛线的长度。

(1)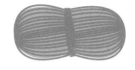

蓝色毛线

4.3米

☐ 厘米

(2)

粉色毛线

4.6米

☐ 厘米

(3)

黄色毛线

5.2米

☐ 厘米

(4)

紫色毛线

1.62米

☐ 厘米

(5)

橙色毛线

0.2米

☐ 厘米

2 换算下面的尺寸。

(1) 260厘米 = ☐ 米

(2) 3.09米 = ☐ 厘米

(3) 14.17米 = ☐ 厘米

(4) ☐ 米 = 3002厘米

米和千米的换算

准 备

雅各布和鲁比的手机软件分别记录了自行车里程数。

谁骑的距离更远？

举 例

1千米 = 1000米
0.1千米 = 100米
6千米 = 6000米
0.3千米 = 300米

雅各布骑了6.3千米或6300米。

1000米 = 1千米
100米 = 0.1千米
10米 = 0.01千米
1米 = 0.001千米

1千米是1米的1000倍。

6.3千米 = 6300米

1米是1千米的 $\frac{1}{1000}$。

6000米 = 6千米
3米 = 0.003千米
6000米 + 3米 = 6003米

6003米 = 6.003千米

鲁比骑了6003米或6.003千米。

6300米 > 6003米
6.3千米 > 6.003千米
雅各布骑的距离更远。

练习

1 小朋友们骑了如下的距离。

(1) 把距离换算成米。

8.9千米

[ ] 米

8千米90米

[ ] 米

8.009千米

[ ] 米

(2) 把距离按照从大到小的顺序排一排。

[ ] , [ ] , [ ]

最大 ⟶ 最小

2 换算下面的尺寸。

(1) 6.1千米 = [ ] 米

(2) 2050米 = [ ] 千米

(3) 13.45千米 = [ ] 米

(4) 21456米 = [ ] 千米

克和千克的换算

准 备

新生大熊猫的体重约为100克。

成年大熊猫的体重约为100千克。

成年大熊猫的体重是新生大熊猫体重的多少倍？

举 例

1千克 = 1000克
10千克 = 10 000克
100千克 = 100 000克

$$100克 = \frac{100}{1000}$$

$$= 0.1千克$$

1千克是1克的1000倍。

1克是1千克的$\frac{1}{1000}$。

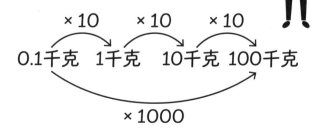

100千克是100克的1000倍。

成年大熊猫的体重是新生大熊猫体重的1000倍。

新生山羊的体重是 3.25千克。这是多少克呢？

1千克 = 1000克
3千克 = 3000克
0.1千克 = 100克
0.2千克 = 200克
0.01千克 = 10克
0.05千克 = 50克

新生山羊的体重是3.25千克或3250克。

3.25千克 = 3250克

练习

1 把动物的体重换算成克。

(1)

3.8千克

☐ 克

(2)

8.7千克

☐ 克

(3)

3.44千克

☐ 克

(4)

0.98千克

☐ 克

2 换算下面的重量。

(1) 1.1千克 = ☐ 克

(2) 8.05千克 = ☐ 克

(3) ☐ 千克 = 4007 克

(4) ☐ 千克 = 3785 克

升和毫升的换算

准 备

霍莉想制作一罐热带饮料，这是她的食谱。

她一共需要制作多少毫升热带饮料？

热带饮料

230毫升	菠萝汁
1.4升	橙汁
360毫升	芒果汁

举 例

先把所有容积换算成相同的单位。

把1.4升换算成毫升。

1升 = 1000毫升
0.1升 = 100毫升
0.4升 = 100毫升 × 4
　　　 = 400毫升

1.4升 = 1400毫升

230毫升 + 1400毫升 + 360毫升 = 1990毫升

1000毫升 = 1升
100毫升 = 0.1升
10毫升 = 0.01升

1990毫升
是多少升？

900毫升 = 0.1升 × 9
= 0.9升

900毫升 = 0.01升 × 9
= 0.09升

1990毫升 = 1升 + 0.9升 + 0.09升
= 1.99升

霍莉一共需要做1990毫升或1.99升热带饮料。

练 习

1 算一算总容积是多少毫升。

(1)

水
810毫升

水
1.7升

水
0.9升

☐ 毫升

(2)

水
1.05升

水
0.75升

水
1.1升

☐ 毫升

2 换算下面的容积。

(1) 3000毫升 = ☐ 升

(2) 5.6升 = ☐ 毫升

(3) 1230毫升 = ☐ 升

(4) 8.07升 = ☐ 毫升

分和秒的换算

准备

雅各布想做一份半熟鸡蛋。

他上网搜索需要煮多长时间。

需要煮 5 分 20 秒。

需要煮 $5\frac{1}{2}$ 分钟。

需要煮 5.4 分钟。

雅各布搜索的这些时间是一样的吗？

举例

1分钟 = 60秒
5分钟 = 60秒 × 5
　　　 = 300秒
5分钟20秒 = 300秒 + 20秒 = 320秒

把时间换算成秒。

1分钟 = 60秒
$\frac{1}{2}$分钟 = 30秒
5分钟 = 300秒
$5\frac{1}{2}$ 分钟 = 330秒

$\frac{1}{2}$分钟或0.5分钟是30秒。

1分钟 = 60秒
0.1分钟 = 6秒
0.4分钟 = 6秒 × 4
　　　　= 24秒

5分钟 = 300秒
5.4分钟 = 300秒 + 24秒
　　　　= 324秒

雅各布搜索的这些时间各不相同。

0.4分钟或 $\frac{4}{10}$ 分钟是24秒。

练 习

1 把下面的烹饪时间换算成秒。

(1)

7分钟

☐ 秒

(2)

16分钟

☐ 秒

(3)

$4\frac{1}{4}$分钟

☐ 秒

(4)

3分钟 36秒

☐ 秒

(5)

8.6分钟

☐ 秒

(6)

10.4分钟

☐ 秒

2 换算下面的时间。

(1) 240秒 = ☐ 分钟

(2) 405秒 = ☐ 分钟 ☐ 秒

(3) 6.8分钟 = ☐ 秒

(4) $7\frac{1}{4}$分钟 = ☐ 秒

时间单位的换算

准备

拉维不小心打开了手机上的倒计时。他意识到就关掉了。

可以用不同的方式表示时间吗？

08 18 36 03
天　小时　分　秒

举例

我们可以把小时看作天的一部分。

1天=24小时

18小时是 $\frac{18}{24}$、$\frac{3}{4}$ 或0.75天。

我们可以把时间写作8.75天36分3秒。

我们可以把分看作小时的一部分。

1小时=60分

36分是 $\frac{36}{60}$、$\frac{6}{10}$ 或0.6小时。

我们可以把时间写作8天18.6小时3秒。

我们可以把秒看作分的一部分。

1分=60秒

3秒是 $\frac{3}{60}$、$\frac{1}{20}$ 或0.05分。

我们可以把时间写作8天18小时36.05分。

1 用分数表示分。

(1) 05:30₀₀

□ □/□ 分

(2) 03:15₀₀

□ □/□ 分

(3) 08:12₀₀

□ □/□ 分

2 用分数表示小时。

(1) 3小时10分 = □ □/□ 小时

(2) 10小时18分 = □ □/□ 小时

(3) 13小时48分 = □ □/□ 小时

(4) 17小时54分 = □ □/□ 小时

3 用分数表示天。

(1) 2天8小时 = □ □/□ 天

(2) 6天16小时 = □ □/□ 天

回顾与挑战

1 下表是小朋友们拥有的漫画书数量。
如果每个小朋友人均有14本漫画书，拉维有多少本漫画书？

小朋友	露露	萨姆	鲁比	奥克	霍莉	拉维
漫画书数量	21	13	12	21	8	

拉维有 ☐ 本漫画书。

2 扇形统计图表示了上周去本地游泳馆的人数。
共有360人在五天内去了游泳馆。

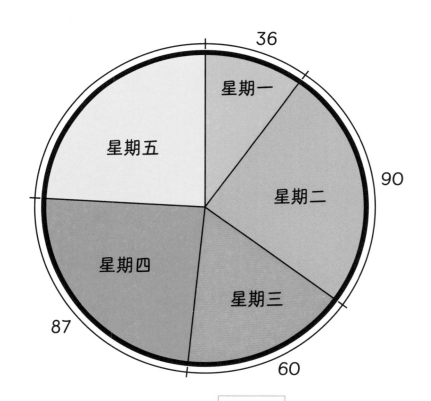

(1) 星期五有多少人去了游泳馆？ ☐ 人

(2) 五天内哪一天有四分之一的人去了游泳馆？ ☐

3 波音747-400和空中客车A380都是大型客机。
折线统计图表示了这两种客机在同样时间内航行的里程数。

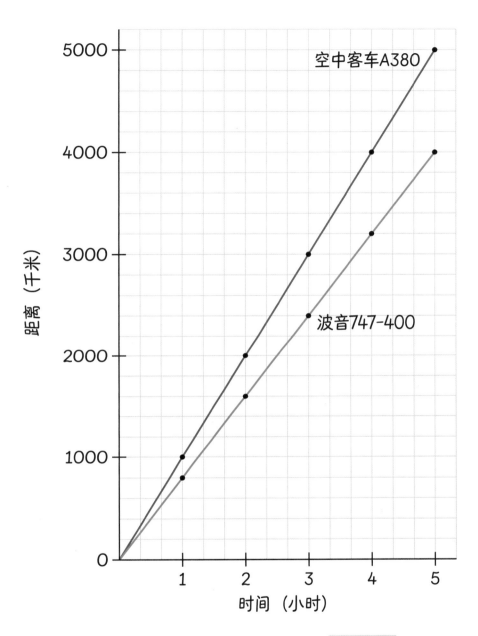

(1) 波音747-400在4小时内航行了 ⬚ 千米。

(2) 3小时后，空中客车A380比波音747-400多航行 ⬚ 千米。

(3) 如果继续以相同的速度飞行7小时，两架飞机相距 ⬚ 千米。

4 把下面的尺寸换算成厘米。

(1)  50毫米

[   ] 厘米

(2) 36毫米

[   ] 厘米

(3) 44毫米

[   ] 厘米

(4) 29毫米

[   ] 厘米

5 把下面的尺寸换算成米。

212厘米

[   ] 米

159厘米

[   ] 米

108厘米

[   ] 米

6 换算下面的距离。

(1) 4000米 = [   ] 千米

(2) 6.7千米 = [   ] 米

(3) 7089米 = [   ] 千米

(4) 5.002千米 = [   ] 米

7 换算下面的重量。

(1) 5000克 = ☐ 千克 = ☐ 千克 ☐ 克

(2) ☐ 克 = 8.5千克 = ☐ 千克 ☐ 克

(3) ☐ 克 = ☐ 千克 = 6千克 40 克

(4) 5013克 = ☐ 千克 = ☐ 千克 ☐ 克

8 换算下面的容积。

(1) 3000毫升 = ☐ 升 = ☐ 升 ☐ 毫升

(2) ☐ 毫升 = ☐ 升 = 9 升 100毫升

(3) ☐ 毫升 = 7.01升 = ☐ 升 ☐ 毫升

(4) ☐ 毫升 = 2.012升 = ☐ 升 ☐ 毫升

9 换算下面的时间。

(1) 3天 = ☐ 小时

(2) 6.5小时 = ☐ 分钟

(3) 32.2分钟 = ☐ 秒

(4) 3.4分钟 = ☐ 秒

10 下表是一场比赛中不同橄榄球队的得分。平均每队的得分是13分。F队比E队多得3分。

请完成表格。

球队	A队	B队	C队	D队	E队	F队
得分	16	9	11	13		

参考答案

第 5 页　1 4 + 5 + 3 = 12, 12 ÷ 3 = 4, 平均数 = 4 　2 5 + 5 + 3 + 3 = 16, 16 ÷ 4 = 4, 平均数 = 4 　3 平均数 = 3

第 7 页　1 平均数 = 4 　2 平均数 = 8.2 　3 平均数 = 7.4

第 9 页　1 答案不唯一。

	包1	包2	包3
1	30	31	29
2	29	28	33
3	27	31	32

2 虽然每包巧克力花生数量不一样, 制造商希望顾客每次买到的巧克力花生数量都是差不多的。顾客不愿意买到一袋只装有一颗的巧克力花生!

第 13 页　1　　2

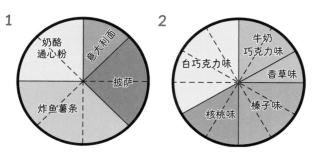

第 17 页

宠物数量	1	2	3	4	5
学生人数	20	15	10	10	5

第 20 页　1

书籍类型	占比
漫画书	10%
小说	40%
参考书	20%
纪实文学	30%

第 21 页　2 (1) 鲁比用了35克生菜。(2) 鲁比用了175克胡萝卜。(3) 鲁比用了35克洋葱。
(4) 鲁比用了315克西红柿。

第 23 页　1 汽车在前两小时速度是100千米/时。2 汽车堵车堵了1小时。3 汽车以时速50千米/时行驶了3小时。

第 26 页　1 (1)

时间	08:30	09:00	09:30	10:00	10:30	11:00	11:30	12:00	12:30
垃圾桶数量	0	50	100	150	200	200	250	300	350

46

(2) ① 200　② 350　③ 10:30休息。

第 27 页　2 (1)

时间	09:00	10:00	11:00	12:00	13:00	14:00	15:00	16:00	17:00
螺旋过山车人数	0	100	200	300	400	500	500	600	700
漩涡过山车人数	0	50	100	150	200	250	300	350	400

(2) ① 150　② 50　③ 1小时

第 29 页　1

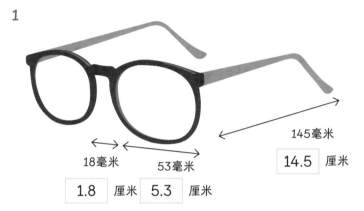

145毫米　14.5 厘米　18毫米　53毫米　1.8 厘米　5.3 厘米

2 (1) 72毫米 = 7.2厘米　(2) 4.5厘米 = 45毫米　(3) 10.7厘米 = 107毫米　(4) 209毫米 = 20.9厘米

第 31 页　1 (1) 430厘米　(2) 460厘米　(3) 520厘米　(4) 162厘米　(5) 20厘米　2 (1) 260厘米 = 2.6 米
(2) 3.09米 = 309厘米　(3) 14.17米 = 1417厘米　(4) 30.02米 = 3002厘米

第 33 页　1 (1) 8900米, 8090 米, 8009 米　(2) 8.9千米, 8千米90 米, 8.009 千米　2 (1) 6.1千米 = 6100米
(2) 2050米 = 2.05千米　(3) 13.45千米 = 13 450米　(4) 21 456米 = 21.456千米

第 35 页　1 (1) 3800克　(2) 8700克　(3) 3440克　(4) 980克　2 (1) 1.1千克 = 1100克
(2) 8.05千克 = 8050克　(3) 4.007千克　(4) 3.785千克 = 3785克

第 37 页　1 (1) 3410毫升　(2) 2900毫升　2 (1) 3000毫升 = 3升　(2) 5.6升 = 5600毫升
(3) 1230毫升 = 1.23升　(4) 8.07升 = 8070毫升

第 39 页　1 (1) 420秒　(2) 960秒　(3) 255秒　(4) 216秒　(5) 516秒　(f) 624秒　2 (1) 240秒 = 4分钟
(2) 405秒 = 6分钟45秒　(3) 6.8分钟 = 408秒　(4) $7\frac{1}{4}$ 分钟 = 435秒

第 41 页　1 (1) $5\frac{1}{2}$分钟　(2) $3\frac{1}{4}$分钟　(3) $8\frac{1}{5}$分钟　2 (1) 3小时10分钟 = $3\frac{1}{6}$小时　(2) 10小时18分钟 = $10\frac{3}{10}$小时

(3) 13小时48分钟 = $13\frac{4}{5}$小时　(4) 17小时54分钟 = $17\frac{9}{10}$小时　3 (1) 2天8小时 = $2\frac{1}{3}$天

(2) 6天16小时= $6\frac{2}{3}$天

第 42 页　1 拉维有9本漫画书。2 (1) 87　(2) 星期二

第 43 页　3 (1) 波音747-400在4小时内航行了3200千米。　(2) 3小时后, 空中客车A380比波音747-400
多航行600千米。(3) 如果继续以相同的速度飞行7小时, 两架飞机相距1400千米。

第 44 页　　4 **(1)** 5厘米 **(2)** 3.6厘米 **(3)** 4.4厘米 **(4)** 2.9厘米

5

212厘米 | 2.12 | 米

159厘米 | 1.59 | 米

108厘米 | 1.08 | 米

6 **(1)** 4000米 = 4千米 **(2)** 6.7千米 = 6700米 **(3)** 7089米 = 7.089千米 **(4)** 5.002千米 = 5002米

第 45 页　　7 **(1)** 5000克 = 5千克 = 5千克0克 **(2)** 8500克 = 8.5千克 = 8千克500克

(3) 6040克 = 6.04千克 = 6千克40克 **(4)** 5013克 = 5.013千克 = 5千克13克

8 **(1)** 3000毫升 = 3升 = 3升0毫升 **(2)** 9100毫升 = 9.1升 = 9升100毫升 **(3)** 7010毫升 = 7.01升

= 7升10毫升 **(4)** 2012毫升 = 2.012升 = 2升12毫升　9 **(1)** 3天 = 72小时 **(2)** 6.5小时 = 390分钟

(3) 32.2分钟 = 1932秒 **(4)** 3.4分钟 = 204秒

10

球队	A队	B队	C队	D队	E队	F队
得分	16	9	11	13	13	16

车 站